Alpenblumen im Frühling

In Holz geschnitten
und koloriert
von Josef Weisz

Insel Verlag

Insel-Bücherei Nr. 1142
Sonderausgabe 2018

Nachbemerkung von Josef Weisz
Botanische Erläuterungen von Gerd Müller

Verzeichnis der Alpenblumen

Alpenblumen
im Frühling

Schneerose. *Helleborus niger L.*
Dezember bis Februar; auf humosen, kalkhaltigen Lehmböden; Wälder, Gebüsch, steinige Hänge; bis 2330 m; nördliche und südliche Alpen der östlichen Alpenkette, zerstreut; Apenninen, Nordwestbalkan; in Gärten als Zierpflanze gezogen und gelegentlich verwildert. Geschützt.

Leberblümchen. *Hepatica nobilis Mill.*
März, April; auf nährstoffreichen, meist kalkhaltigen Lehmböden; Laubmischwälder, Buchenwälder, steinige Hänge; von der Ebene bis etwa 2200 m; Alpen, zerstreut; fast ganz Europa, jedoch über weite Strecken fehlend; nahe verwandte Arten in Ostasien und Nordamerika. Geschützt.

Hohe Schlüsselblume. *Primula elatior (L.) Grufb.*
März bis Mai; auf meist sickerfeuchten Lehmböden; Auenwälder, Schluchtwälder, humusreiche Laubmischwälder, Gebüsche, Wiesen; von der Ebene bis etwa 2600 m; Alpen, verbreitet; von den mitteleuropäischen Gebirgen bis zum Altai, im Tiefland westlich bis England, nördlich bis Schweden und östlich bis zur Ukraine, südlich der Alpen fehlend. Geschützt.

Frühlings-Safran, Frühlings-Krokus. *Crocus albiflorus Kit.*
März, April, gleich nach der Schneeschmelze; auf frischen, humusreichen, meist kalkhaltigen Wiesen; von der montanen Region bis 2500 m aufsteigend; Alpen, verbreitet; Pyrenäen, Cevennen, Jura, Nordapenninen, Karpaten, Balkan.

Echtes Alpenglöckchen. *Soldanella alpina L.*
April bis Juli; meist auf kalkhaltigem Boden feuchter Wiesen; subalpine und alpine Stufe bis 3000 m; Alpen, verbreitet; Zentral- und Ostpyrenäen, Jura, Schwarzwald (Feldberg), Nordapenninen, Karpaten, West- und Mittelbalkan.

Frühlings-Enzian. *Gentiana verna L.*
April bis August; auf meist kalkreichen Lehm- und Steinverwitterungsböden; ungedüngte Wiesen und Weiden, Flachmoore, Felsen, Zwergstrauchgebüsch; von der Ebene bis 3550 m; Alpen, verbreitet; von Irland bis Ostsibirien in großen Teilen Europas und Asiens, besonders oberhalb der montanen Stufe.

Schneeheide, Frühlings-Glockenheide.
Erica carnea L.
Februar bis Mai; auf kalkhaltigen, humosen Böden; sonnige, trockene Standorte, Geröllhalden, Felsfluren, Kiefernwälder, Legföhrengebüsche; bis 2560 m, selten über der Baumgrenze; Alpen und Alpenvorland, meist verbreitet; Fränkischer Jura, Fichtelgebirge, Vogtland, Kaiserwald, Mährisches Gesenke, Apenninen, Balkan.

Zwergbuchs. *Polygala chamaebuxus L.*
April bis Juni; auf nährstoffreichen, meist kalkreichen Böden, wärmeliebend; lichte Wälder, Gebüsche, Zwergstrauchheiden, Magerwiesen; von der Ebene bis 2500 m; Alpen, meist verbreitet; Ostpyrenäen, Schweizer bis Fränkischer Jura, Schwäbisch-Bayrische Hochebene, Fichtelgebirge, Vogtland, Böhmen (östlich bis Prag), Galizische Karpaten, Westungarn, Karst, Apenninen.

Roter Geißklee. *Cytisus purpureus Scop.*
April bis Juni; kalkhold; felsige Abhänge, Gebüsch, Weiden; von der Ebene bis 1500 m; Südostalpen (westlich bis zum Comer See), häufig bis zerstreut; Karst, Kroatien, Dalmatien, Norditalien.

Ähren-Glockenblume. *Campanula spicata L.*
Juni, Juli; wärmeliebend, oft auf Kalk; Felsen, Geröll, steinige Rasen; bis 2200 m; Südalpen (von den Seealpen bis in den Karst), zerstreut, nördlich vom Brennerpaß nur im Gschnitztal und bei Schmirn; italienische Gebirge, Montenegro.

Behaarter Geißklee. *Cytisus hirsutus L.*
März bis Mai; kalkarme Böden bevorzugend; Heiden, Gebüsch, lichte Wälder, Geröll, Felsen; bis 1900 m; Süd- und Ostalpen, zerstreut; von Aragonien, den Pyrenäen, Alpen und Apenninen über Karpaten, ungarisches Bergland, Siebenbürgen, Thessalien und Schwarzmeergebiet östlich bis zum Altai.

Sumpf-Dotterblume. *Caltha palustris L.*
April bis Juni; an feuchten, sumpfigen Orten; von der Ebene bis in die alpine Stufe (2530 m); Alpen, verbreitet; arktische, boreale und gemäßigte Zone von Europa, Asien und Nordamerika.

Alpen-Pestwurz. *Petasites paradoxus (Retz.) Baumg.*
März bis Mai; auf feuchten Kalkschutt- und Kalkgeröllböden; steinige Hänge, lichte Wälder, Schluchten, Flußufer; subalpine und alpine Stufe bis 2600 m; Alpen, verbreitet; Pyrenäen, Jura, Balkan.

Frühlings-Kuhschelle. *Anemone vernalis L.*
April bis Juni; auf allen Gesteinsarten; Matten, Heidewiesen, steinige Abhänge; von der Ebene bis in die alpine Stufe (3600 m); Alpen, zerstreut; Pyrenäen, Karpaten, Mittel- und Osteuropa, Sibirien. Geschützt.

Keulen-Enzian. *Gentiana kochiana Perr. et Song.*
April bis August; auf sauer-humosen, meist kalkfreien Lehmböden; Matten, Wiesen; 900-3000 m; Alpen, verbreitet; Pyrenäen, Jura, Karpaten, Balkan. Geschützt.

Dreiblättriges Windröschen. *Anemone trifolia L.* Mai, Juni; auf nährstoffreichen, meist kalkhaltigen, humosen Lehmböden; Wälder, Gebüsche, Bergwiesen, steinige Orte; von der Ebene bis 1860 m; Süd- und Ostalpen, selten bis zerstreut, fehlt in den deutschen und Schweizer Alpen; Gebirge Nordspaniens und Nordportugals, Nordapenninen, Südkarpaten, Gebirge im atlantischen Nordamerika.

Weiße Zahnwurz. *Cardamine enneaphyllos (L.) Cr.* April bis Juni; kalkhold; schattige Wälder, vornehmlich unter Buchen; bis 2160 m; Ostalpen, meist verbreitet; Gebirge und Hügelland Südosteuropas, westlich und nördlich bis zu den Apenninen, nordöstlicher Jura, Böhmerwald, Fichtelgebirge, Erzgebirge, Riesengebirge, Lysa Gora.

Rostrotes Kopfried. *Schoenus ferrugineus L.*
Mai bis Juli; bestandbildende Art in Flachmooren und Moorwiesen; von der Ebene bis 1500 m; Alpen, stellenweise häufig; von gemäßigt-kontinentaler Verbreitung.

Mehl-Schlüsselblume. *Primula farinosa L.*
Mai bis Juli; auf feuchten, nährstoffreichen, kalkhaltigen Torf- und Sumpfwiesen, im Flachmoor, teilweise auch auf Trockenwiesen; bis 2770 m; Alpen, häufig; subarktisch-alpine Art mit weiter Verbreitung in Europa, Asien und Nordamerika, außerdem im Gebiet der chilenischen Anden, in Feuerland und auf den Falklandinseln. Geschützt.

Großblütiger Enzian. *Gentiana clusii Perr. et Song.*
April bis August; kalkliebende Art auf Matten, Wiesen, Hängen, Felsen; 1200-2760 m; Zentral- und Ostalpen, häufig; Jura, Schwarzwald, Nord- und Ostkarpaten, zuweilen in die Ebene herabsteigend. Geschützt.

Alpen-Fettkraut. *Pinguicula alpina L.*
Mai, Juni; auf kalkreichem, feuchtem Boden in Flachmooren, Quellgebieten, auf überrieselten Felsen; bis 2600 m; Alpen, häufig; von arktisch-alpiner Verbreitung in Europa und Asien.

Rostblättrige Alpenrose. *Rhododendron ferrugineum L.*
Mai bis Juli; bestandbildende Art auf kalkfreien Humusböden; Hänge, Gebüsch, Wälder; 1300-3000 m, selten tiefer; Alpen, verbreitet; Pyrenäen, Jura, Nordapenninen. Geschützt.

Trichterlilie. *Paradisea liliastrum (L.) Bert.*
Mai bis Juli; auf tiefgründigen, lehmigen Böden; Fettwiesen, Matten, Grünerlengebüsch, lichte Wälder; etwa 1700-2400 m; West-, Zentral- und Südalpen, stellenweise häufig, in den Nordalpen nur in der Schweiz von den Freiburger Alpen bis zum Sankt Galler Oberland; Nordspanien und Portugal, Pyrenäen, Mézenc, Cantal, Jura (Dôle), Apenninen.

Drachenmaul. *Horminum pyrenaicum L.*
Juni bis August; kalkstet; steinige Matten und Wiesen; meist 1000-2450 m; Alpen, teils häufig, teils über große Strecken fehlend, im Norden nur in den Berchtesgadener und Salzburger Alpen; kastilische Gebirge, Pyrenäen.

Behaarte Alpenrose. *Rhododendron hirsutum L.* Mai bis Juli; vorwiegend auf nährstoffreichen, mildhumosen Kalksteinverwitterungsböden; Hänge, Gebüsch, Felsen; besonders im Bereich der Waldgrenze zwischen 1200 und 2580 m; Kalkgebiet der Zentral- und Ostalpen, häufig; Karpaten, illyrische Gebirge. Geschützt.

Alpen-Waldrebe. *Clematis alpina (L.) Mill.*
Mai bis Juli; kalkhold; Wälder, Schotterhalden, Felsen; meist 1000-2400 m; bis 300 m herabsteigend; Alpen, stellenweise verbreitet (Seealpen, Dauphiné, Savoyen, Graubünden, Bayrische und Österreichische Alpen, Venetien); Apenninen, Siebenbürgen, arktische Gebiete Europas, Asiens und Nordamerikas.

Gebirgs-Rose. *Rosa pendulina L.*
Mai bis Juli; auf nährstoffreichen, kalkfreien Lehm- oder Steinböden; lichte Wälder, Gebüsch, steinige Hänge; 500-2600 m; Alpen, verbreitet; Gebirge Mittel- und Südeuropas.

Alpen-Windröschen. *Anemone alpina L. ssp. myrrhidifolia (Vill.) Rouy et Fouc.*
Mai bis August; kalkhold; Matten, Magerwiesen, Zwergstrauchgebüsch; etwa 1500-2730 m; Kalkalpen, verbreitet bis zerstreut; Pyrenäen. Geschützt.

Steinröschen. *Daphne striata Tratt.*
Mai bis Juli; meist auf Kalk und Dolomit; besonnte Orte, trockener Gesteinsschutt, Moränen, Felshänge, lichte Wälder, Legföhrengebüsch, Zwergstrauchheiden, steinige Matten; 900-2860 m; Südwestalpen (Hautes Alpes, Savoyen) und Alpen östlich vom Vierwaldstätter See und Lago Maggiore, verbreitet bis zerstreut. Geschützt.

Alpen-Grasnelke. *Armeria alpina Willd.*
Mai bis Oktober; auf Dolomit, Kalk- und kristallinen Schiefern; Gesteinsschutt, Magerrasen; 1100-3100 m; von den Seealpen bis zu den Niederösterreichischen und Julischen Alpen, stellenweise häufig, in Bayern und Vorarlberg fehlend; Aragonien, Pyrenäen, Ostkarpaten, Balkan.

Trollblume. *Trollius europaeus L.*
Mai bis Juli; auf mineralkräftigen, humosen Ton- und Lehmböden, auch auf Kalk; frische bis feuchte Wiesen; von der Ebene bis 2900 m, bevorzugt in der montanen Stufe; Alpen, verbreitet; fast ganz Europa. Geschützt.

Alpenazalee, Alpenheide. *Loiseleuria procumbens (L.) Desv.*
Juni, Juli; kalkscheu, Humuswurzler; bestandbildende Art in Wäldern und Gebüschen, auf Heiden und steinigen Hängen; bis 3000 m; Alpen, ziemlich häufig; von arktisch-alpiner Verbreitung.

Aurikel. *Primula auricula L.*
April bis Juni; auf kalkhaltigen Felsen, Geröll, teilweise in alpinen Rasen; bis 2900 m; Alpen, verbreitet; Pyrenäen, Jura, Apenninen, Karpaten, Nordwestbalkan, auch in tiefere Lagen herabsteigend. Geschützt.

Narzissenblütiges Windröschen, Berghähnlein. *Anemone narcissiflora L.*
Mai bis Juli; auf frischen, kalkhaltigen, steinigen Lehmböden; Krummholzgebüsch, Matten, Naturwiesen; vorwiegend 1500-2500 m; Alpen, meist häufig; außerdem im subarktischen und alpinen Gebiet Europas, Asiens und Nordamerikas, vereinzelt auch in Mittelgebirgen. Geschützt.

Zwergalpenrose. *Rhodothamnus chamaecistus (L.) Rchb.*
Juni, Juli; auf Kalk und Dolomit; Zwergstrauchheiden, Legföhrengebüsch, steinige Rasen; bis 2350 m; Nördliche und Südliche Kalkalpen, vom Allgäu und Comer See bis zu den Karawanken, stellenweise.

Alpenlattich. *Homogyne alpina (L.) Cass.*
Mai bis August; auf mineralkräftigen, sauren Rohhumusböden an im Winter schneereichen Stellen; Nadelwälder, Zwergstrauchheiden, Grünerlengebüsch, Borstgrasmatten, Krummseggenrasen, Moore; montane bis alpine Stufe, meist 700-3000 m; Alpen und Alpenvorland, verbreitet; Pyrenäen, Corbière, Loire, Bugey, Jura, Apenninen, Schwarzwald, Böhmerwald, Erzgebirge, Lausitzer Gebirge, Sudeten, Karpaten, Balkan.

Einblütiges Wintergrün. *Pyrola uniflora L.*
Mai bis August; auf Lehm- oder Sandböden mit modriger Humusauflage; feuchtschattige Wälder, Moorränder; im Norden niedere, südlich höhere Lagen bevorzugend, bis 2000 m; Alpen, verbreitet; Europa, Nord- und Mittelasien, Nordamerika.

Moosglöckchen. *Linnaea borealis L.*
Juni bis August; auf Rohhumusauflage; moosreiche Wälder, vor allem Nadelwälder, Heiden; von der Ebene bis 2200 m; Alpen, besonders in den Zentralalpen, verbreitet bis zerstreut; nördliche und subarktische Gebiete von Europa, Asien und Nordamerika, als Eiszeitrelikt in verschiedenen Gebirgen der gemäßigten Zone, zum Teil auch angepflanzt. Örtlich geschützt.

Berg-Hahnenfuß. *Ranunculus montanus Willd.*
Mai bis September; auf Kalk und Urgestein, auf frischen, humosen Böden; Wiesen, Matten, Geröllhalden, Schneetälchen, schattige Orte, Grünerlengebüsch; bis 2800 m; Alpen und Vorland, verbreitet; Pyrenäen, Corbières, Jura, Schwarzwald, Schwäbische Alb, Karpaten, Balkan, Kaukasus.

Alpenhelm. *Bartsia alpina L.*
Juni bis August; auf feuchten, nährstoffreichen Lehm- und Torfböden; Wiesen, quellige Stellen; bis 2830 m; Alpen und Voralpen, verbreitet; alpin-arktische Art, fehlt im Kaukasus und in Kleinasien.

Wundklee. *Anthyllis vulneraria L.*
Mai bis September; mit Vorliebe auf kalkreichen Böden in warmen Lagen; Trockenrasen und Halbtrockenrasen, frische Gebirgswiesen, Geröll, Felsen; von der Ebene bis etwa 3000 m; Alpen, verbreitet; Europa, Nordafrika, Vorderasien; formenreiche Art; abgebildet ist die alpine Varietät alpestris Kit.

Gelbe Platterbse. *Lathyrus laevigatus (W. et K.) Fritsch*
Juni bis August; auf feuchten, lockeren Lehm- oder Kalkgesteinsböden; Wiesen, Hochstaudenfluren, Gebüsch; von der Ebene bis etwa 2000 m; Alpen, verbreitet bis zerstreut; Pyrenäen, Süd-Jura, Apenninen, Karpaten, Balkan, osteuropäisches Tiefland; formenreiche Art; abgebildet ist die alpine Varietät occidentalis (Fisch. et Mey.) Mansf.

Pyramiden-Günsel. *Ajuga pyramidalis L.*
Mai bis August; auf humosen, sandigen Lehm- und Tonböden; Wiesen, Weiden, Hochstaudenfluren, Zwergstrauchheiden; bis 2700 m; Süd- und Zentralalpen, verbreitet; Nordalpen, selten; subarktisch-alpine Art Europas mit Hauptverbreitung im Gebirge.

Orangerotes Habichtskraut. *Hieracium aurantiacum L.*
Juni bis August; meist auf kalkarmen, humosen Lehmböden; Wiesen, Matten, Zwergstrauchheiden; 900-2600 m; Alpen und Alpenvorland, häufig bis zerstreut; Auvergne, Jura, Vogesen, Schwarzwald, Haardt, Harz, Sudeten, Ost- und Westkarpaten, Siebenbürgen, Bosnien, Nordeuropa; als Zierpflanze in Gärten gezogen und daraus oft verwildernd, in manchen Gebieten (so in Nordamerika) auch eingebürgert.

Zweiblütiges Veilchen. *Viola biflora L.*
Mai bis August; auf humusreichen, frischen Böden in schattiger Lage; Wälder, Gebüsch, Hochstaudenfluren, feuchte Felshänge, Höhleneingänge; von der Ebene bis etwa 3000 m; Alpen, überall häufig; weitverbreitete arktisch-alpine Art.

Rundblättriger Steinbrech. *Saxifraga-rotundifolia L.*
Juni bis September; auf frischen Lehmböden mit guter Humuszersetzung, schattenliebend; Grünerlengebüsch, Schluchten, Bachränder, Hochstaudenfluren; 320-2500 m; Alpen, meist verbreitet; südeuropäische Gebirge von Spanien bis zum Kaukasus.

Kleine Glockenblume. *Campanula cochleariifolia Lam.*
Juni bis August; meist auf Kalk, seltener auf Urgestein; Felsen, feuchte Schuttfluren, steinige Matten, Fluß- und Bachgeröll, Mauern; bis 3400 m, mit den Flüssen herabsteigend; Alpen, meist verbreitet; Pyrenäen, zentralfranzösische Gebirge, Jura, Vogesen, Apenninen, Schwarzwald (Feldberg), Schwäbischer Jura, Baar, Karpaten, Karst, Balkan.

Alpen-Wegerich. *Plantago alpina L.*
Mai bis Juli; besonders auf Kalk und Schiefer, auf tiefgründigen Böden; Wiesen, Matten, Hänge, Schneetälchen; meist 1000-3000 m; West- und Zentralalpen, häufig; Pyrenäen, Auvergne, Jura.

Schwarzrandige Wucherblume. *Chrysanthemum atratum Jacq.*
Juli bis September; kalkstet; Hänge, Geröll, Schneegruben; 1550-2840 m; Alpen, verbreitet; illyrische Gebirge, Apenninen.

Immergrünes Felsenblümchen. *Draba aizoides L.*
April bis August; kalkhold; Felsen, Gesteinsschutt, steinige Rasen, Schneetälchen; 350-3400 m; Alpen, verbreitet und häufig; mittel- und südeuropäische Gebirge.

Blaugrüner Steinbrech. *Saxifraga caesia L.*
Juli bis September; auf flachgründigen Kalkgesteinsböden; Pionierpflanze an im Winter schneefreien Orten; Felsen, Felsschutt, offene Stellen des Polsterseggenrasens und der Blaugrashalde; alpine Stufe bis 2950 m; Alpen, meist verbreitet; Pyrenäen, Karpaten, Apenninen, illyrische Gebirge.

Nachbemerkung

Der Bildfolge von Alpenblumen* liegt ein in früher Jugend empfangener tiefer Eindruck zugrunde. Mit Kinderaugen sah ich vom Bergwald bis zu den Gipfeln wundersame Gärten im magischen Licht der einsamen Höhe. Es schien, als bräche aus dem uralten Gestein eine Flut vielfarbener Juwelen hervor. Das war keine Täuschung, denn sichtbar bewegen sich Jahr für Jahr die zahllosen Blüten im Bergwind, flimmern in der sommerlichen Glut der steilen Sonne, werden von goldgelben Hummeln besucht, Schmetterlinge lassen sich darauf nieder, und glitzernde Eidechsen huschen wie Wächter darüber. Was das Kind in reiner Einfalt schaute und im Herzen bewahrte – die Verklärung der Wirklichkeit durch das hohe Licht –, weckte im reifenden Menschen das Verlangen, dieses Schauen zum Bilde zu machen, seine Wahrnehmung auszuspielen.

Noch war das Beginnen zugleich Hoffen, bis im Frühjahr 1938 der Leiter des Insel-Verlags, Professor Dr. Anton Kippenberg, in der ihm eigenen weitblickenden Art mich vor die ungewöhnliche Aufgabe stellte, ein koloriertes Holzschnittwerk über Alpenblumen zu schaffen. Bereits in der Stunde unseres ersten Zusammenseins wurde dafür der Auftrag erteilt. In der gesamten Gestaltung hatte ich völlige Freiheit, ein großzügiger Beweis des in meine Arbeit gesetzten Vertrauens, aus dem in nachfolgender Zeit eine sich nie erschöpfende Förderung floß. Die zu

* Josef Weisz schrieb diesen Text als Geleitwort für seine Bildfolge »Blumen der Alpen«, die 1960 in vier Mappen als Handpressendruck im Insel-Verlag erschien. Für die vorliegende Ausgabe wurde sein Text leicht gekürzt, und von den 100 kolorierten Holzschnitten wurden diejenigen ausgewählt, die im Frühling und Frühsommer erblühende Alpenblumen zeigen. Sie sind geordnet nach der Blütenfolge in der Natur.

Anfang nur in Umrissen gestellte Aufgabe weitete sich mit jedem Jahr, wuchs mit dem bildgewordenen Gelingen von kaum Erhofftem aus der unerschöpflichen Welt der Bergblumen und führte zu einer dauernden Freundschaft mit dem Auftraggeber. Als mitten im weitgezielten Planen der zweite Weltkrieg ausbrach und Grauen und Verderben über die Menschheit brachte, fanden wir allein Trost im unbeirrten Werden eines Friedenswerkes nach unserem Herzen. Entsetzt über den unaufhaltsamen Zusammenbruch einer trügerischen Welt, wurde der Anblick von Blumen, derentwillen eine Pilgerfahrt ins Bergland unternommen werden mußte, zur Befreiung von mancherlei Bedrückung. Im Frühjahr 1941 scheute Professor Kippenberg nicht die Mühsal der weiten Reise, mich hoch oben im Montafon aufzusuchen, um am Erleben der dortigen zauberhaften Blumenpracht teilzunehmen. Nach einem strengen und lange anhaltenden Winter drängte die Frühjahrsflora überschäumend aus jeder Felsritze und verschmolz mit der des beginnenden Bergsommers zu einer nur selten wahrnehmbaren Schau. Darüber stand Tag für Tag ein tiefblauer Himmel als heitere Offenbarung. Doch es waren die letzten uns vergönnten sorglosen Wochen. Ihnen folgten endlos scheinende Jahre, überschattet von wachsender Qual und Ungewißheit, wie das so glücklich begonnene zeitlose Werk fortzusetzen sei und vor dem Untergang bewahrt werden könne. Aber ein guter Stern stand darüber. Der Auftraggeber erlebte noch die Fertigstellung der hundert Bildtafeln zu Ende des Jahres 1947, wenn auch ohne Hoffnung auf ihre baldige Veröffentlichung. Schon bei Auftragserteilung war in weitumrissener Planung vorgesehen, die Flora der Alpen – von der Schweizer Grenze bis zu den Niederen Tauern und dem Stangalpenzug, inbegriffen die der Nördlichen und Südlichen Kalkalpen – in den wichtigsten Gattungen und

Arten in das Werk aufzunehmen. Was an westalpiner Flora im Massiv des Arlbergs sowie des Montafons noch vertreten ist und die Vielfalt erhöht, wurde in die Bildfolge einbezogen. Desgleichen bereichern beigefügte Bergwaldblumen den Gesamteindruck der alpinen Flora.

Als Grundsatz galt, jede darzustellende Pflanze, sei ihr Vorkommen häufig oder vereinzelt, sei sie leicht oder schwer auffindbar, an ihrem natürlichen Standort aufzusuchen und diesen unmittelbaren Eindruck in farbig ausgeführten Studien festzuhalten. Vermieden wurde jegliche Zuhilfenahme von Herbarien und botanischen Gärten, selbst wenn nach einer seltenen Gipfelblume jahrelang gesucht werden mußte.

Der bildende Künstler läßt sich im Nacherleben naturgebundener Vorbilder von optischen Eindrücken leiten. Gewiß galt das auch für diese Aufgabe; doch zusätzlich und ohne dabei die künstlerische Auffassung zu schmälern, mußte auf eine botanisch einwandfreie Darstellung geachtet werden. Es entsprach dem Sinn und Zweck des vorliegenden Werks, auch dem Blumenkundigen uneingeschränkte Freude zu bereiten. Dem Botaniker blieb die Auswahl und Bestimmung der darzustellenden Pflanzen überlassen, und diese sinnvolle Ordnung ohne Zwang liegt der gesamten Bildfolge zugrunde. So unterstellte ich mich der Führung des erfahrenen und kunstsinnigen Botanikers Professor Dr. Max Hirmer. Durch ihn erfuhr ich von den geologischen Zusammenhängen innerhalb der Vielfalt der Alpenflora und nebenbei auch das Wissenswerte über die die Flora begleitende Fauna. In jahrelanger gemeinsamer Pflanzensuche sammelte ich wertvolle Erkenntnisse und erhielt vielfältige Anregungen, fand die Sicherheit in der ungezwungenen Darstellung der Erscheinung einer Pflanze und gewann die Freiheit im Zusammenstellen von Pflanzengemeinschaften im Bild.

Suchen und Auffinden der begehrten Blumen in dem weitläufigen Bereich der Alpen, meist an verborgenen und oft schwer zugänglichen Fundorten, verlangte umsichtig vorbereitete Exkursionen, die sich auf neun Jahre verteilten. Bei normalen Verhältnissen wäre die Bewältigung all dieser Unternehmungen nicht sonderlich schwergefallen, aber inmitten der Kriegswirren erlitten sie in oft bedrohlicher Weise unvorhergesehene Störungen wie auch ernsthafte Unterbrechungen. Zunehmend wurden alpine Grenzgebiete Sperrzonen, in die einzudringen Mißtrauen erregte; auf hochgelegenen Berghütten fehlte es am Nötigsten; der eigene Proviant im Rucksack war mehr als spärlich; und kam ich erschöpft nach Hause, so wunderte ich mich, daß dieses Zuhause mitten unter schwelenden Ruinen noch da war. Aber es ging eine große Zuversicht von diesen Bergblumen aus – wie hätte ich sonst auch durchgehalten?

Das Vegetationsjahr der Flora in der Knieholz- und hochalpinen Region ist nur von kurzer Dauer. Die Zeit von Mai bis August nutzte ich für die Fahrten, die weiteren Monate des Jahres verblieben mir für das Schneiden der hundert Bildtafeln in altes und liebevoll gepflegtes Birnbaumholz. In der Schneidetechnik bediente ich mich bei der linearen Betonung aller Darstellungen des Messerschnitts in Langholz, wie er vor und während der Zeit Albrecht Dürers meisterhaft angewandt wurde. Über manchem Bildschnitt großen Formats saß ich drei Wochen und länger versunken in das Nacherleben der sommerlichen Blumenbegegnungen. Eindringlich stand in der Erinnerung das draußen Geschaute, das vom hohen Licht klar Gezeichnete, und ich mühte mich, ein Ähnliches an Ausdruck dem gewachsenen Holz zu entreißen. Ich betone dies, da manche Anregung für die Bildgestaltung vom Holz ausging und der Lauf wie das Spiel der

Maserung die Linienführung harmonisch beeinflußten. Das Schneiden stand in einer Zwiesprache mit dem lebenden Holz. Bei allen Darstellungen hielt ich die natürliche Größe der Pflanzen ein, ob es nun aus der Steinfuge drängende zierliche Blütenpolster oder staudenartige Gewächse waren. Was in auffallender Einzelerscheinung wächst, gab ich im Bild in gleicher Betonung wieder. War es gegeben und von Reiz, zwei oder mehr Blumen in eine zusammenfassende Bildwirkung zu bringen, so erfolgte deren Wahl nicht willkürlich, sondern auf Grund erlebter Pflanzengemeinschaften auf dem gleichen Boden, bei gleichen Daseinsbedingungen und derselben Blütezeit.

Die von den Bergfahrten mitgebrachten zahlreichen farbigen Studien gaben mir für die Kolorierung der Holzschnittabzüge alle Sicherheit in der Farb- und Tongebung. Doch geschah das nicht in einem ängstlichen Vergleich mit den vorliegenden Studien; erlebte ich doch bei meiner jährlich wiederholten Pflanzensuche, daß die Natur damit spielt, die Lokalfarbe ein und derselben Blume leicht zu variieren, wohl nach der jeweiligen Bodenbeschaffenheit und der Höhe des Standorts wie auch durch klimatische Einflüsse. Ein Beispiel dieser oft erlebten Wandlungsfähigkeit ist der Gletscher-Hahnenfuß. In einem Sommer blüht er blendend weiß, im nächstfolgenden aber, und an gleicher Stelle, kann man seine Blüten als Auswirkung überstandener schwerer Fröste tief gerötet vorfinden. Die Farben aller Bergblumen sind vom hohen Licht durchleuchtet, und so ist der Vergleich mit Juwelen kaum eine Übertreibung.

Wie durch ein Wunder wurde das Werk über alle Wirren der Kriegs- und Nachkriegszeit gerettet. Nichts von den darum erlittenen Nöten haftet ihm an, unbeschwert und immer gegenwärtig zeigt es das Dasein von Bergblumen aus einer Höhe, in der diese zarten, doch zähen Gebilde hart zu ringen haben. Weil sie um ihr Dasein kämpfen und zu siegen wissen, stehen sie uns Menschen näher, als wir vermeinen; denn gleiches Schicksal verbindet. Erlebte ich doch, wie in manchem unwirschen Sommer erhofftes Blühen unter dem alten Schnee begraben blieb, wie ein Bergsturz traumhaft schöne Gärten verschüttete oder wie der eisige Hagel nicht einmal, sondern oft die Pracht der Blüten zerfetzte. Kam ich im nächsten Sommer wieder, so wurde ich von einem urgründigen Blühen am gleichen Ort geblendet.

Es mag dem einen wenig, dem anderen viel bedeuten, in der Unrast unserer Tage die Blumen der Berge als die Schriftzeichen einer offenbaren Wunderwelt zu erkennen. Wer daran Freude findet, hütet ein stilles Glück.

Josef Weisz

Erste Auflage dieser Ausgabe Insel Verlag Berlin 2018. Bezugspapier unter Verwendung eines kolorierten Holzschnittes von Josef Weisz. Gesetzt in der Schrift Walbaum. Gedruckt auf holzfreies, alterungsbeständiges mattgestrichenes Papier der Firma Papier Union, Hamburg, von der Memminger MedienCentrum AG. Gebunden in Fadenheftung von der Conzella Verlagsbuchbinderei GmbH & Co KG, Aschheim-Dornach.
Printed in Germany. Erste Auflage 1994.
ISBN 978-3-458-17756-2